Speciel tak til min dejlige, fantastiske, fantastisk og kærlig kone Carol! Din støtte og tillid til mig og din tilstedeværelse ved mig, da vi var børn er mere værdifuldt for mig end jeg kan udtrykke.

Ord og illustrationer af
Michael Richard Craig.

1

2

5

6

9

3   4

7   8

10

Én

1

Fjollede

Ansigt

To

2

Fjollede

Ansigter

Tre

3

Fjollede

Ansigter

Fire

4

Fjollede
Ansigter

Fem

5

Fjollede

Ansigter

Seks

6

Fjollede

Ansigter

Syv

7

Fjollede

Ansigter

Otte

8

Fjollede

Ansigter

Ni

9

Fjollede

Ansigter

Ti

10

Fjollede

Ansigter

Udgangen.

Godt

Arbejde!

Disse ansigter fra samlingen

"mange ansigter af Michael Richard Craig"

Dette er den første i en ti bind sæt

tæller fjollede ansigter til hundrede.

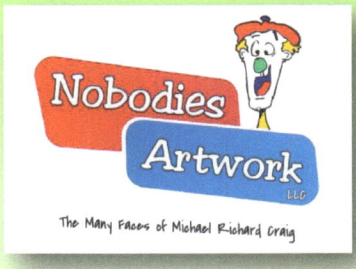

Nobodiesinc@yahoo.com

TeeGeeBeeTeeGee